AF130653

JHUMPA LAHIRI wurde in London geboren und wuchs in Rhode Island auf. Für ihre Romane und Erzählungen wurde sie u. a. mit dem Pulitzer-Preis, dem PEN/Hemingway Award und dem Commonwealth Writers' Prize ausgezeichnet. Seit 2012 ist sie Mitglied der American Academy of Arts and Letters.

Jhumpa Lahiri

Die Kleider der Bücher

Aus dem Italienischen
von Margit Knapp

Rowohlt Taschenbuch Verlag

Die Rede «The Clothing of Books», zunächst in Italien
auf dem «Festival degli Scrittori» («Festival der Autoren»)
vorgetragen, wurde 2015 als zweisprachige Ausgabe –
Englisch/Italienisch – herausgegeben von der Santa
Maddalena Foundation, Donnini/Florenz.

Deutsche Erstausgabe
Veröffentlicht im Rowohlt Taschenbuch Verlag,
Reinbek bei Hamburg, November 2018
Copyright © 2018 by Rowohlt Verlag GmbH,
Reinbek bei Hamburg
«The Clothing of Books» Copyright © 2015 by Jhumpa Lahiri
Redaktion Lea Daume
Einbandgestaltung any.way, Hamburg,
nach der Originalausgabe von Bloomsbury Publishing Plc
Satz aus der Adriane bei Pinkuin Satz und Datentechnik, Berlin
Druck und Bindung CPI books GmbH, Leck, Germany
ISBN 978 3 499 27563 0

Die Kleider der Bücher

Camerado! Dies ist kein Buch.
Wer dies berührt, berührt einen Menschen.

Walt Whitman, *Grasblätter*

I

Der Charme der Uniform

IM HAUS DER Familie meines Vaters in Kalkutta, wohin ich als Kind auf Besuch kam, sah ich morgens meinem Cousin und meiner Cousine beim Ankleiden zu. Sie machten sich für die Schule fertig – ich hingegen hatte Ferien. Jeden Tag, nach dem Bad und vor dem Frühstück, zogen sie das Gleiche an: eine Uniform.

Sie besuchten zwei verschiedene Schulen, daher unterschieden sich ihre Uniformen. Mein Cousin trug eine lange Hose aus marineblauer Baumwolle, meine Cousine, die ein paar Jahre älter war, einen himmelblauen Rock. Abgesehen von diesen Farben und der gelben Krawatte, die sich mein Cousin umbinden musste, waren die restlichen Teile der Uniform gleich: ein kurzärmeliges weißes Hemd, weiße Strümpfe, schwarze Schuhe.

Wahrscheinlich hatten sie im Schrank zwei Paar marineblaue Hosen und zwei himmelblaue Röcke, so konnten sie stets saubere und gebügelte Sachen anziehen. Bevor wir nach Indien reisten, kaufte meine Mutter ziemlich viele Paare weißer Strümpfe, da sie wusste, dass die bei meiner Tante sehr willkommen wären.

Obwohl sie vor allem einfach und funktional waren, fand ich die Uniformen meines Cousins und meiner Cousine wunderbar, faszinierend. Ob auf der Straße, im Bus oder in der Tram – ich war beeindruckt von dieser zwingend vorgegebenen visuellen Sprache, mit der sich in so einer großen und dicht bevölkerten Stadt Tausende von Schülern identifizieren und zuordnen ließen. Jede Uniform bedeutete die Zugehörigkeit zu einer bestimmten Schule. Jeder meiner Altersgenossen in Kalkutta hatte dadurch in meinen Augen einerseits eine starke Identität und genoss andererseits eine Art Anonymität. Das ist die Wirkung der Uniform.

Auch ich wollte eine Uniform. Immer wenn ich in die Schneiderei ging, um mir neue Kleider machen zu lassen – ein besonderes Abenteuer, das ich nur in Indien erleben konnte, wo es in den siebziger Jahren üblich war, maßgeschneiderte statt im Geschäft gekaufte Kleider zu tragen –, war ich versucht, eine Uniform in Auftrag zu geben. Es war ein unsinniger Wunsch von mir; ich hätte ein solches Kleidungsstück nicht gebrauchen können.

In Amerika besuchte ich eine öffentliche Schule, wo alle trugen, was sie wollten. Mich jedoch quälte diese Wahlmöglichkeit, diese Freiheit.

Schon als Kind verunsicherte es mich, durch meine Kleiderwahl etwas auszudrücken. Ich fühlte mich schon besonders, aufgrund meines Namens, meiner Familie, meines Aussehens. In den übrigen Aspekten wollte ich sein wie alle anderen. Ich träumte von Gleichheit, ja, sogar von Unsichtbarkeit. Doch stattdessen war ich gezwungen, meinen eigenen Stil zu finden. Ich fühlte mich schlecht gekleidet, die Ausnahme statt die Regel.

Es half auch nicht gerade, dass einige meiner Mitschülerinnen mich schief ansahen, weil sie meine Kleider komisch fanden. Sie sagten: *Was für ein hässliches Outfit. Die zwei Muster beißen sich, weißt du das nicht? Niemand trägt mehr Schlaghosen, die sind aus der Mode.* Sie lachten. Auf diese Weise habe ich meinen Tag viele Jahre lang, schon während ich auf den Schulbus wartete, mit einer Demütigung begonnen.

Sie verhöhnten zwar mich, aber meinten damit auch meine Eltern. Als Ausländer versuchten diese, überall zu sparen, und suchten meine Kleider nicht nach der Mode oder der Norm aus. Sie kauften meine Kleidung im Ausverkauf zu Saisonende oder gar gebraucht, da sie wussten, dass ich binnen eines Jahres sowieso rausgewachsen sein würde.

Außerdem hatte meine Mutter einen anderen Geschmack als die amerikanischen Mütter. Sie kaufte nicht in den gleichen Geschäften ein. Es interessierte sie nicht, ob ich aussah wie die anderen Mädchen. Das ist der Grund, warum mir eine Schuluniform als die Lösung erschien. Für mich hat Kleidung immer mehr bedeutet. Meine Mutter trägt auch heute, fast fünfzig Jahre nachdem sie Indien verlassen hat, ausschließlich die traditionellen Kleider ihres Landes. Meine amerikanische Kleidung duldete sie nur mit Mühe, meine Jeans und T-Shirts gefielen ihr nicht. Sie missbilligte es, dass ich als Jugendliche kurze Röcke und hohe Absätze tragen wollte. Je älter ich wurde, umso größeren Wert legte sie darauf, dass auch ich indische oder zumindest keine provozierenden Kleider trug. Sie wollte mich zu einer bengalischen Frau machen, wie sie eine war.

Jedes Mal, wenn wir zu einer anderen bengalischen Familie gingen, zu einem Fest, einer wichtigen Feier oder irgendeinem anderen Anlass, bat sie mich, ja, flehte mich an und zwang mich am Ende, ein typisch indisches Kleid anzuziehen. Wenn ich protestierte, wurde sie wütend. Um sie zufriedenzustellen, gab ich nach, ärgerte mich jedoch über mich. Sobald ich die traditionellen Kleider anhatte, fühlte ich mich als eine andere Person,

eine Fremde, wie sie. Ich fühlte die Last einer auf-
gezwungenen Identität. Diese Kleider, die in meinem Schrank einen eigenen Bereich einnahmen,
waren von prächtiger, aber unstimmiger Qualität:
Die Farben schienen mir zu lebendig, die Stoffe
gehörten in ein anderes Land. Im Grunde waren
sie eleganter als meine Alltagskleider, aber ich war
ihnen gegenüber unduldsam. Sie hatten den Geschmack eines sehr fernen Ortes. Ihr Gewicht war
gering, doch auf mir lasteten sie schwer.

Dieser bittere Kampf zwischen mir und meiner
Mutter, der lange anhielt und nie zu einem klaren
Ergebnis führte, ließ mich am eigenen Leib spü-
ren, dass unsere Kleider genauso unsere Identität,
unsere Kultur, unsere Zugehörigkeit ausdrücken
wie die Sprache und das Essen. Von klein auf habe
ich gelernt, dass die Kleidung, die ich trug, mich
«anders» machte, wo auch immer ich war. Sogar in
Kalkutta wurde ich, wenn ich mit meinen Cousins
ausging, denen ich physisch ähnele, als Fremde
wahrgenommen und oft auf Englisch angespro-
chen. Wenn ich den Grund dafür wissen wollte,
antworteten meine Cousins mit einem Schulter-
zucken: *Es werden deine Kleider sein.*

Nun, als Erwachsene, kleide ich mich, wie ich
will; ich entscheide, wie ich mich darstelle. Doch
der Schatten der alten Beklemmung bleibt, die

Angst, schlecht oder falsch gekleidet zu sein und dafür verurteilt zu werden. Manchmal, überwältigt von meiner Garderobe und unter dem Druck, das richtige Gewand wählen zu müssen, frage ich mich immer noch, ob es nicht sehr viel einfacher wäre, eine Art Uniform zu tragen.

Als ich mit zweiunddreißig Jahren begann, Bücher zu publizieren, entdeckte ich, dass ein anderer Teil von mir nun auch eingekleidet und der Welt präsentiert werden musste. Doch das, worin meine Wörter gekleidet werden – die Umschläge meiner Bücher –, wähle nicht ich.

Manchmal werde ich gezwungen, Buchumschläge zu akzeptieren, die mir nicht gefallen, die ich problematisch, enttäuschend finde. Ich neige dazu nachzugeben. Ich sage mir: Vergiss es, es lohnt sich nicht, zu kämpfen. Doch dann bin ich betrübt, gekränkt.

Auf Italienisch heißt Buchumschlag *sovracoperta* (wörtlich «Überdecke»), auf Englisch *jacket* («Jacke»). Eine maßgeschneiderte Jacke, speziell dafür entworfen und geschaffen, um ein Buch zu bedecken und einzupacken. Sie sollte passen wie angegossen. Und doch stehen mir die meisten meiner Buchumschläge meiner Meinung nach nicht, und daher denke ich gelegentlich auch als Schriftstellerin, dass eine Uniform womöglich die Lösung wäre.

2

Warum ein Umschlag?

Die Definition des Wortes *copertina* in meinem Italienisch-Wörterbuch ist ziemlich kurz: «Äußerer Einband aus Papier oder Pappkarton, der ein Buch umhüllt, ein Heft, eine Zeitschrift.» Meine eigene Definition jedoch ist weitaus breiter, mit mehr Nuancen.

Der Umschlag taucht erst auf, wenn das Buch fertig ist, auf dem Weg, in die Welt zu treten. Er signalisiert die Geburt des Buchs und damit das Ende meines kreativen Strebens. Er verleiht dem Buch das Flair der Unabhängigkeit. Ein eigenes Leben. Für mich heißt das, dass meine Arbeit beendet ist. Während der Umschlag für den Verlag die Ankunft des Buches bedeutet, ist er für mich der Abschied.

Der Umschlag signalisiert, dass der Text innen bereinigt ist, definitiv. Er ist nicht mehr wild, ungeschliffen, veränderbar. Von dem Moment an ist der Text final. Außerdem hat der Umschlag eine metaphorische Bedeutung: Er macht aus dem Geschriebenen ein Objekt, etwas Konkretes, das gedruckt, verbreitet und am Ende verkauft wird.

Wenn man den Schreibprozess als Traum ansieht, ist das Buchcover das Erwachen.

Die Nachricht, dass ein Umschlag kommt, erweckt widersprüchliche Gefühle in mir. Einerseits bewegt sie mich, weil ich ein Buch beendet habe. Andererseits macht sie mich nervös. Denn mit dem Erscheinen des Umschlags wird mir bewusst, dass das Buch gelesen wird. Es wird kritisiert, analysiert, vergessen. Obwohl der Umschlag dazu dient, meine Wörter zu beschützen, eine Brücke zwischen mir und dem Publikum zu bilden, fühle ich mich verletzlich.

Der Umschlag sagt mir jedoch auch, dass das Buch bereits gelesen wurde. Denn in Wahrheit ist er nicht einfach nur sein erstes Kleid, sondern auch eine erste Interpretation, in zweierlei Hinsicht – rein visuell und für Verkaufszwecke. Er repräsentiert eine kollektive Lektüre des Graphikers und verschiedener anderer Leute im Verlag: Ihre Meinungen, Sichtweisen, Wünsche fließen mit ein. Ich weiß, dass der Umschlag von vielen diskutiert, überdacht und schließlich akzeptiert wird, bevor ein Buch erscheint.

Die erste Begegnung mit einem meiner Umschläge, so spannend sie auch sein mag, ist auch immer beunruhigend. Unabhängig davon, wie effektiv oder fesselnd sie ist, zwischen uns gibt es stets eine Diskrepanz, ein Ungleichgewicht. Der Umschlag kennt mein Buch bereits, aber ich kenne ihn noch nicht. Ich versuche, mich an ihn zu gewöhnen, mich ihm zu nähern.

Meine Reaktionen sind unterschiedlich, instinktiv. Umschläge können mich zum Lachen bringen, oder aber ich möchte weinen. Sie deprimieren mich, verwirren mich, machen mich wütend. Einige verstehe ich nicht, ich bin einfach nur perplex. Wie ist es möglich, frage ich mich, dass mein Buch auf solch eine scheußliche oder banale Weise dargestellt wird?

Der richtige Umschlag ist wie ein schöner Mantel, elegant und warm, der meine Wörter umhüllt, während sie ihren Weg in die Welt antreten, unterwegs sind zu einer Verabredung mit meinen Lesern.

Ein falscher Umschlag ist wie ein steifer, erdrückender Anzug. Oder wie ein zu dünner Pullover: unpassend.

Ein schöner Umschlag ist schmeichelhaft. Ich fühle mich erhört, verstanden.

Ein hässliches Cover ist wie ein Feind; ich hasse es.

Eines meiner Bücher hat einen schrecklichen Umschlag, der in mir eine fast gewalttätige Reaktion auslöst. Jedes Mal, wenn ich diese Ausgabe signieren muss, fühle ich den Impuls, den Umschlag vom Buch zu reißen.

Je mehr ich darüber nachdenke, desto überzeugter bin ich davon, dass der Umschlag eine Art Übersetzung ist, oder besser, eine Interpretation meiner Wörter in einer anderen Sprache, der visuellen. Er repräsentiert den Text, aber er ist nicht der Text. Er darf nicht zu wörtlich sein. Er muss das Buch auf seine eigene Weise darstellen.

Wie eine Übersetzung, so kann auch ein Umschlag entweder dem Buch treu sein oder irreführend. Theoretisch müsste er, wie die Übersetzung auch, dem Text dienen. Doch diese Dynamik funktioniert nicht immer. Ein Umschlag kann auch erdrückend sein, zu dominant.

Wie auch immer, ein Umschlag stellt eine intime Beziehung zwischen Autor und Bild her. Und genau deswegen kann er zu einer völligen Entfremdung führen. Wenn er mir nicht gefällt, will ich mich sofort von ihm entfernen. Aber das ist unmöglich. Der Umschlag berührt meine Wörter, er sitzt mir im Nacken.

Dieser Moment bringt mich dazu, das Buch zu verlassen. Er bedeutet einen Kontrollverlust.

※

Der Umschlag ist oberflächlich, zu vernachlässigen, irrelevant in Bezug auf das Buch. Der Umschlag ist ein wesentlicher Bestandteil des Buches. Man muss die Tatsache akzeptieren, dass beide dieser Sätze wahr sind.

Immer wieder erstaunt es mich, dass auf der Literaturseite des *Corriere della Sera* das Cover genauso beurteilt wird wie der «Stil» oder die «Handlung» des rezensierten Buches. Anfangs dachte ich: Das ist nicht gerecht. Wozu so viel Aufmerksamkeit? Was hat die graphische Gestaltung mit dem Urteil über ein Buch zu tun? Dann habe ich meine Meinung geändert. Es hat Sinn. Sobald das Cover existiert, ist es Teil des Buches und hat eine Wirkung, egal ob positiv oder negativ. Es zieht den Leser entweder an, oder es stößt ihn ab.

Wir gehen selbstverständlich davon aus, dass jedes Buch einen Umschlag hat. Ohne ihn würde es als nackt angesehen, unvollständig, auf eine gewisse Art auch unzugänglich. Es fehlt eine Tür, um in den Text einzutreten. Es fehlt ein Gesicht.

Als junges Mädchen schrieb ich meine ersten «Romane» in eine Reihe von Heften. Damals zeichnete ich für jede Geschichte einen Umschlag. Ich achtete darauf, dass die wichtigsten Elemente vorkamen: der Titel des Werks und der Name der Autorin. Ich bemühte mich um eine schöne Schrift. In manchen Fällen gab es auch eine Illustration oder ein Porträt der Protagonistin. In anderen nicht.

Warum gibt es Umschläge? Zunächst um die Seiten zusammenzuhalten. Vor Jahrhunderten, als Bücher noch seltene und kostbare Objekte waren, benutzte man luxuriöse Materialien dafür: Leder, Gold, Silber, Elfenbein.

Heute ist die Rolle des Umschlags sehr viel schwieriger. Er dient dazu, dem Buch eine Identität zu geben, es einem Stil oder einem Genre zuzuordnen. Es schöner zu machen, es im Schaufenster eines Buchladens hervorzuheben, damit ein Passant neugierig wird, das Buch in die Hand nimmt und schließlich kauft.

Mit dem Umschlag gewinnt das Buch eine neue Persönlichkeit. Es drückt etwas aus, noch bevor es gelesen wird, so wie ein Kleidungsstück etwas über uns aussagt, bevor wir zu sprechen beginnen.

Ein Umschlag erweckt sofort eine Erwartung. Er gibt einen Ton, eine Haltung vor, auch wenn dies gar nicht zu dem Buch passt. Vorhin habe ich ihn mit einem Gesicht verglichen, aber er ist auch eine Maske, die verbirgt, was hinter ihr steckt. Er kann den Leser verführen. Er kann ihn betrügen. Wie Flitter kann sein Glanz täuschen.

Man könnte behaupten, er bringt den Unterschied zwischen wahr und falsch ins Spiel, zwischen Schein und Wirklichkeit.

Der Umschlag verleiht dem Buch nicht nur eine Identität, sondern zwei. Ein ausdrucksvolles Element kommt hinzu, das sich vom Text unterscheidet. Es gibt das, was das Buch sagt und das, was der Umschlag sagt. Aus diesem Grund kann man den Umschlag lieben und das Buch hassen oder umgekehrt.

Ich gebe zu, dass ich mehr als einmal ein Buch nur wegen seines Umschlags gekauft habe, weil ich nicht widerstehen konnte, wie verzaubert war. Ich vertraute dem Bild, auch wenn mich der Inhalt nicht überzeugte. In Amerika besitze ich eine Sammlung von Anchor-Taschenbüchern mit von Edward Gorey entworfenen Umschlägen, einem berühmten amerikanischen Illustrator, dessen makabre Zeichnungen ich schon immer mochte. Wenn ich einen seiner Umschläge in einem Antiquariat sehe, kaufe ich sofort das Buch, egal welcher Titel. In diesem Fall, ich gebe es zu, zählt das Cover für mich mehr als der Text.

Der Buchumschlag hat also auch eine unabhängige Identität. Er hat eine Präsenz, eine eigene Macht.

In Rom habe ich nicht viele Bücher. Als wir nach Italien kamen, brachten wir nur wenige mit. In unserer Wohnung steht ein großes Bücherregal mit viel Platz. Es wäre absurd und traurig gewesen, nur zwanzig Bücher oder so einzureihen. Also beschloss ich, um Raum zu füllen, sie mit dem Cover nach vorne zeigend ins Regal zu stellen. Aus diesem Grund habe ich in den letzten paar Jahren viel Zeit damit verbracht, zu Hause den Anblick gewisser Umschläge zu genießen, und ich beobachte ihre Wirkung auf mich.

Mit der Zeit ist das Bücherregal eine Art Installation geworden, die meine Lektüre widerspiegelt, mein römisches Leben. Ein von Tizian gemaltes Porträt leistet mir auf diese Weise Gesellschaft, genauso wie ein Schnappschuss der Dichterin Patrizia Cavalli und einige Fotos von Marco Delogu. Ich stelle die Umschläge von verschiedenen Romanen und Essays meiner neuen italienischen Freunde aus, als wären es gerahmte Bilder meiner neuen Familie. In Rom kompensieren meine Bücher das Fehlen von Bildern und anderen schönen Dingen an den Wänden. In unserer möbliert gemieteten Wohnung, der es ein wenig an persönlichen Sachen mangelt, repräsentieren die Bücher meinen Geschmack, meine Anwesenheit.

Es ist sehr beeindruckend, die Cover anstatt die

Buchrücken zu sehen. Normalerweise werden die Bücher in einer Reihe im Regal eingeordnet und sind diskret, zurückhaltend. Sie bilden den Hintergrund, ruhig, neutral. Die nach vorne zeigenden Umschläge hingegen sind extrovertiert, unbefangen, einzigartig. Sie wecken unsere Aufmerksamkeit. Sie sagen: Schau uns an.

3

Korrespondenz und Zusammenarbeit

EIN BUCH EINZUKLEIDEN ist ohne Zweifel eine Kunst. Ein gedruckter Band lebt von der Verbindung zweier Ausdrucksformen. Jeder Umschlag ist ein Werk aus der Hand eines Künstlers. Und diese Kleidung, diese Abstimmung zwischen Schriftsteller und Künstler interessiert mich. Ein Beispiel, das mich stets sehr beeindruckt hat, ist die Zusammenarbeit von Virginia Woolf mit ihrer Schwester, Vanessa Bell. Sie entwarf eine Reihe von Buchumschlägen – inzwischen Kultobjekte – für fast alle Erstausgaben, die Virginia Woolf bei Hogarth Press in England publizierte. Der unabhängige Verlag wurde 1917 eigens zu dem Zweck gegründet, die Bücher von Woolf zu publizieren, neben den Werken ihres Mannes Leonard und denen ihrer Freunde und Bekannten, frei von kommerziellen Überlegungen und vor der Zensur bewahrt. Anfangs wurden die Bücher in einem manuellen

Druckverfahren gedruckt. Die Druckerpresse stand zu Hause auf dem Esstisch.

Vanessa Bells Umschläge sind sehr wirkungsvoll, unkonventionell, modernistisch. Sie drücken die experimentelle Essenz von Virginia Woolfs Werken perfekt aus. Und das, obwohl Vanessa für gewöhnlich nicht einmal das ganze Buch las. Virginia erzählte ihrer Schwester die Handlung, sodass die sich eine entsprechende Vorstellung machen konnte. Ein Gespräch zwischen Autorin und Künstlerin reichte. Der Kritiker S. P. Rosenbaum hat die Umschläge von Vanessa Bell als «optische Echos» der Texte bezeichnet, einen Ausdruck von Henry James zitierend.

Als Schriftstellerin suche ich dieses «optische Echo» – oft vergeblich. Auch ich möchte, dass der Umschlag den Sinn und den Geist meines Buches widerspiegelt. Es würde mich freuen, wenn – wenigstens ein Mal – jemand den Umschlag entwerfen könnte, der mich gut kennt und der meine Arbeit bis ins Letzte kennt, jemand, dem das wirklich etwas bedeutet.

Ich habe nie mit den Graphikern meiner Umschläge gesprochen. Ich kenne sie nicht, ich bin nicht mit einbezogen. Ich sehe nur das Endresultat, das ich per Post erhalte, inzwischen als Anhang an eine E-Mail: Ich kann es annehmen oder ablehnen, vielleicht ein wenig ändern. Und ich frage mich, ob der Künstler das ganze Buch gelesen hat oder nur ein Kapitel, ein paar Zeilen, bevor er mit dem Entwurf begonnen hat. Ich frage mich, ob ihm oder ihr das Buch gefallen hat.

Da ich die Person hinter dem Umschlag nicht kenne, fühle ich mich unwohl dabei, sie zu kritisieren. Normalerweise läuft die Korrespondenz über den Verlag. Jemand schickt mir das Ergebnis der Arbeit des Graphikers und gibt ihm meine Eindrücke weiter. Es besteht jedoch keine Möglichkeit, direkt mit dem Graphiker zu kommunizieren. Er oder sie bleibt, wer auch immer es ist, eine geheimnisvolle, verborgene Gestalt. Zwischen uns bleibt eine Distanz.

Alle Autoren reagieren auf ihre Cover, doch nur wenige sprechen offen darüber. Vor einigen Monaten habe ich einen kurzen, aber pointierten Text von Lalla Romano zu diesem Thema entdeckt. In einem Essay mit dem Titel «Die Buchumschläge von Einaudi», der in der Sammlung *Un sogno del Nord (Ein Traum des Nordens)* erschien, nimmt sie die Cover ihres wichtigsten Verlags unter die Lupe. Sie schreibt: «Da ich aus der Malerei komme, ist das Aussehen eines Buches für mich nicht nur eine spannende Frage, sondern fundamental. Es fällt mir sehr schwer, ein hässliches Buch (als Objekt) zu lieben, und oft ist es umso hässlicher, weil es *schön* sein will.» Dieser Satz hat mich sehr beeindruckt. Eigentlich habe ich es ihm zu verdanken, dass ich diesen Text hier schreibe.

Romano sucht, wie ich, die «perfekte Übereinstimmung mit dem Stil des Buches». Sie konnte, wie Woolf, mitentscheiden, Motive vorschlagen, Zeichnungen, Malerei. Der Austausch zwischen Autorin und Künstler führte zum idealen Austausch zwischen Umschlag und Text.

Doch wir leben nicht mehr in einer Welt, in der der Umschlag einfach nur den Sinn und Stil des Buches widerspiegeln kann. Heute lastet auf ihm noch ein anderes Gewicht: Sein Zweck ist eher kommerzieller Art als ästhetischer. An ihm hängt der Erfolg oder Misserfolg eines Buches. Bei den heutigen Publikumsverlagen enthalten die Umschläge viel mehr Informationen als Titel, Autorennamen und Bild: Auszeichnungen und Preise, die der Autor oder die Autorin erhalten hat, Zitate von anderen Schriftstellern oder Kritikern, denen das Buch gefallen hat, Positionen auf Bestsellerlisten. Er ist zum Gütesiegel geworden und nennt alle Inhaltsstoffe des Buches. Manchmal kommt auch noch eine Buchschleife hinzu, eine Art Gürtel, um mitzuteilen, dass das Buch in der zweiten Auflage ist, zum Beispiel, oder in der vierten, in der neunten; oder um den Lesern andere «hot news» mitzuteilen, Informationen, Zitate.

Ich finde, dass die Verleger heutzutage unverhältnismäßige Erwartungen in die Buchumschläge haben. Sie müssen die Aufmerksamkeit der in riesigen Buchhandlungen verlorenen oder verwirrten Leser auf sich ziehen, die dieses und nur dieses eine Buch aus den vollen Regalen oder von den überladenen Tischen nehmen sollen. All die Energien und Strategien, die für einen Umschlag aufgebracht und angewandt werden, zeugen von einer ziemlich deprimierenden Tatsache: welch eine erschreckend große Anzahl an Büchern jedes Jahr publiziert wird und wie wenige Bücher am Ende wirklich gekauft oder gelesen werden.

Trotz der übertriebenen Aufmerksamkeit, die den Umschlägen geschenkt wird, werden sie am Ende nicht wirklich geschätzt. Oft gibt man dem Umschlag die Schuld, wenn ein Buch nicht richtig läuft. Oft höre ich Verleger sagen: «Das Buch ist so schön, schade, dass es den falschen Umschlag hat.»

Schlecht gekleidet zu sein ist immer eine Strafe. Doch wie ein falsches Kleid kann man auch einen Umschlag abnehmen und durch einen anderen ersetzen. Ich weiß, dass in Amerika, wenn sich die erste Ausgabe nicht gut genug verkauft, es durch-

aus nicht ungewöhnlich ist, für die Taschenbuch-
ausgabe den Umschlag zu ändern, und in Italien
ist es ähnlich. Manchmal kommt es auch vor, dass
mir ein Entwurf für einen Umschlag gefällt, der
Verlag jedoch sagt: «Wir haben uns für eine andere
Richtung entschieden.» Der Umschlag bleibt etwas
Ablösbares, Austauschbares. Trotz seiner großen
Macht – wenn er nicht hilft, das Buch zu verkaufen, ist er wertlos.

4

Das nackte Buch

GEHEN WIR IN eine andere Richtung, sprechen wir von dem nackten Buch.

Als junges Mädchen besaß ich nicht viele Bücher. Ich nutzte die Bibliothek, wo die Bücher meist ausgezogen waren: ohne Kleid, ohne irgendein Bild. Nur harte Buchdeckel und die Seiten, die sie enthielten.

Ich bin die Tochter eines Bibliothekars und habe auch selbst viele Jahre in der öffentlichen Bibliothek des Ortes gearbeitet, in dem ich aufgewachsen bin und wo ich seit meiner Kindheit Bücher ausgeliehen hatte. Ich weiß, dass es teuer und aufwändig ist, die Umschläge von Büchern zu schützen, die immer wieder von vielen Leuten gelesen werden. Sie gehen leicht kaputt. Obwohl es Möglichkeiten gäbe, sie zu schützen, zum Beispiel mit einem Plastikeinband, so ist es doch einfacher, die Umschläge abzunehmen. Hardcover sind wie gemacht dafür, lange in einer Bibliothek zu existieren, während Taschenbücher eine viel begrenztere Lebensdauer haben.

Ich habe Hunderte von Büchern gelesen – fast die gesamte Literatur meiner Schulzeit –, ohne je einen Klappentext oder ein Autorenfoto zu sehen. Sie waren von anonymer, geheimer Art. Sie gaben nichts im Vorhinein preis. Um sie zu verstehen, musste man sie lesen.

Die Autoren, die ich zu jener Zeit mochte, wurden nur durch ihre Worte verkörpert. Der nackte Buchdeckel mischt sich nicht ein. Meine ersten Leseerlebnisse fanden außerhalb der Zeit statt, in Unkenntnis des Marktes, der aktuellen Mode. Der Teil von mir, der die Buchumschläge mit Argwohn betrachtet, versucht, diese Erfahrung zu wiederholen.

Heute erwerbe ich mit einem Buch, das ich kaufe, eine Reihe weiterer Dinge: das Foto des Autors, biographische Informationen, Kritiken. All das verkompliziert die Lage. Es erzeugt Verwirrung. Es lenkt mich ab. Ich ertrage die Kommentare auf dem Umschlag nicht; ihnen haben wir eines der hässlichsten Wörter zu verdanken, die es im Englischen gibt: *blurb*. Ich persönlich halte es für unpassend, die Meinungen anderer Leute auf den Umschlag zu setzen. Ich möchte, dass die ersten

Worte, auf die die Leser meines Buches treffen, von mir stammen.

Heutzutage gestaltet sich die Beziehung zwischen Leser und Buch auf eine sehr viel indirektere Weise, mit Dutzenden von Menschen, die herumschwirren. Wir sind nie allein, ich als Leserin und der Text. Mir fehlt die Stille, das Geheimnis des nackten Buches: allein, ohne Hilfe. Das Geheimnisvolle, das eine freie Lektüre erlaubt, ohne Einführungen oder Bezugspunkte. Auch ein nacktes Buch kann, finde ich, auf eigenen Füßen stehen.

Leider kann man es so nicht verkaufen. Kaum jemand will etwas Geheimnisvolles kaufen, auch kein Buch, ohne vorangestellte Angaben. In einem gewissen Sinn ähnelt der Leser von heute einem Touristen, der sich dank eines Reiseführers – oder dank der Wirkung von dessen Buchumschlag – schon zu informieren und orientieren beginnt, bevor er an einem fremden Ort an Land geht. Bevor er ihn selbst entdeckt, vor der Ankunft. Vor der Lektüre.

Die gebundenen Fahnen meiner ersten Bücher in Amerika ähnelten ein wenig einem nackten Buch. Sie enthielten keine Bilder, nur die wichtigsten Informationen. Sie hatten etwas Allgemeines an sich, nichts Individuelles. Früher, wenn ich auf Lesereise ging, um eines meiner Bücher vorzustellen, las ich absichtlich aus den gebundenen Fahnen. Wenn ich gezwungen war, das fertige Buch zu benutzen, nahm ich stets den Umschlag ab. Wie gesagt, das angezogene Buch gehört nicht mehr zu mir.

Vor sechzehn Jahren, als in Amerika meine erste Sammlung von Erzählungen erschien, bekamen die Kritiker und die Buchhändler die gebundenen Fahnen ohne jede Abbildung zugeschickt. Warum? Vielleicht, weil auch die Verlage damals die Vorabexemplare in ihrem reinen Zustand präsentieren wollten, ohne Ablenkungen, ohne Lärm, ohne Umschlag. Genau so, wie es mir richtig erscheint.

Heutzutage enthalten auch die gebundenen Fahnen meiner Meinung nach überflüssige Informationen. Auf den Fahnen meines letzten Romans wurde die Druckauflage angegeben, die Auszeichnungen, die ich erhalten habe, die Titel meiner anderen Bücher. Auch wenn das Aussehen so wichtig geworden ist, mir kommt es wie eine Mogelpackung vor. Ich dachte, dass wenigstens das endgültige Umschlagbild nicht dabei wäre, doch als ich kürzlich in den Fahnen blätterte, entdeckte ich es auf der ersten Seite, gefolgt vom Klappentext. Alles war vorhanden, nur leicht versteckt. Es gibt kein Entrinnen. Das nackte Buch gibt es für mich nicht mehr.

5

Uniformität und Anarchie

WÄHREND MEINER ZEIT in Italien habe ich eine andere Art von Umschlag kennengelernt: den zu einer Reihe gehörenden. Diese Umschläge, die so anders sind als die meisten amerikanischen, haben mich immer sehr beeindruckt. Ich finde, sie sind von einer bewundernswerten Einfachheit und Seriosität. Die Buchreihen verführen mich, so wie die Schuluniformen meiner Cousine und meines Cousins.

Die Reihenumschläge sind zurückhaltend, gleichzeitig allgemein und doch sofort wiedererkennbar. In einer italienischen Buchhandlung oder auch in der Wohnung von Freunden erkenne ich inzwischen mit einem Blick das Weiß der Struzzi von Einaudi, die angenehmen Farbtöne der Reihen von Adelphi, das dunkle Blau von Sellerio.

Im Moment lese ich zwei Bücher, beide sind bei Adelphi erschienen. *Die Haut* von Curzio Malaparte und *Vom Nachteil, geboren zu sein* von Emil Cioran. Es sind zwei äußerst unterschiedliche Autoren, aber im Kleid von Adelphi ähneln sich ihre Bücher, als wären sie Mitglieder ein und derselben Familie, vom selben Blut. Sie haben dieselben Maße, doch mehr als alles andere sind sie das Ergebnis desselben ästhetischen Feingefühls. Auf beiden Umschlägen ist ein eingerahmtes Bild zu sehen, außerdem der Titel und der Autorenname. Sie sind auf glattem Papier gedruckt und nur am Buchrücken angeklebt. Mir gefällt die Vorstellung, dass man den Umschlag von den gebundenen Seiten lösen kann, wie ein Zelt, und dass sich unter dem weichen Papier ein etwas festerer weißer Karton befindet. Da ist es, das nackte Buch.

Nach dem Reihensystem lässt sich eine große Menge von Büchern organisieren. Ein nach Reihen angeordnetes Bücherregal sieht sehr harmonisch aus. Der Mann einer meiner italienischen Freundinnen ordnet alle Bücher nach Reihen, in chromatischer Abfolge. Die Wirkung ist phantastisch. Doch seine Frau meint, wenn man den ästhetischen Vorteil beiseitelässt, sei es letztlich kein gutes System. Sie behauptet, dass es schön anzusehen ist, man aber nichts findet.

Auf meinem römischen Schreibtisch habe ich einige Bücher von der Piccola Biblioteca Adelphi in einer kleinen Reihe aufgestellt. Inmitten der großen Unordnung, die auf meinem Schreibtisch herrscht, bilden sie eine elegante, einladende kleine Insel. Ich besitze sieben von ihnen. Jedes trägt eine Nummer auf dem Buchrücken. Wenn ich sie ansehe, bekomme ich Lust, die ganze Reihe zu besitzen, beginnend mit Nummer eins, obwohl es inzwischen mehr als sechshundert sind.

In meinem Bad in Brooklyn habe ich verschiedene Postkarten in kleinen Rahmen aufgehängt, auf denen die Umschläge der Penguin-Taschenbücher aus den ersten Jahren abgebildet sind, eine von Allen Lane im Jahr 1935 ins Leben gerufene Reihe: Shakespeare, Agatha Christie, Iris Murdoch, R. D. Laing. Inzwischen zieren die einprägsamen Darstellungen auch T-Shirts und Kaffeetassen. Ihr Bild ist wie eine Literatur-Medaille. Ein Penguin Classic mit dem orangefarbenen Rücken zu lesen fühlte sich sowohl im Gymnasium als auch an der Universität beruhigend an, tugendhaft. Man konnte annehmen, dass es sich um qualitätsvolle, gewichtige Werke handelte.

Die in einer Reihe veröffentlichten Autoren gehören in irgendeiner Form zueinander, und alle zusammen gehören sie zum Verlag. Alle Bücher spiegeln die Wahl, den Geschmack eines Verlegers, doch eine Reihe gibt dem einzelnen Buch eine

Identität, eine Art Staatsbürgerschaft. Eine Reihe sagt zu den jeweiligen Autoren: *Ihr gehört zu uns.*

Dabei stellt sich eine interessante und vieldiskutierte Frage: Ist die Reihe wichtiger oder das einzelne Buch in ihr? Ich habe noch keine klare Meinung dazu. Die Reihe dient dem Text, aber auch umgekehrt. Einerseits scheint mir eine Reihe eine dezente Hülle, weniger aufdringlich als ein vollkommen eigenständiger Umschlag. Andererseits wirkt eine Reihe stets ein wenig formal, etwas aufgeblasen.

Ich finde, dass jede Reihe eine eigene Welt bedeutet, eine Art geschlossenen Kreis. Und ich frage mich: Wie kommt man hinein? Denn sowohl in Italien als auch in England, bei den originalen Penguin-Taschenbüchern, werden zeitgenössische Autoren aufgenommen. In der Piccola Biblioteca Adelphi wird neben Friedrich Nietzsche Yasmina Reza publiziert, Jamaica Kincaid neben Benedetto Croce. In Europa haben Reihen keinen verstaubten Charakter, im Gegenteil, ich finde, sie können eine internationale Gemeinschaft kreieren und dabei aktuell, vielschichtig, lebendig sein.

Andererseits ist eine Reihe etwas Klassisches, Vertrautes, Unveränderliches. Ihr Wert ist die Kontinuität, mit leichten Abwandlungen. Sie widersteht strikt jeder Mode, Verwirrung oder Unbeständigkeit. Sie existiert – ein wenig wie das nackte Buch – außerhalb der Zeit.

☀

Ich schreibe diese Worte in einer Bibliothek in einem herrlichen italienischen Palazzo in Rom; und obwohl es eine italienische Bibliothek ist, finden sich in ihr zum Großteil amerikanische Bücher. Es scheint mir ein Wink des Schicksals zu sein, dass ich diesen Ort entdeckte. Hier habe ich, eine anglophone Schriftstellerin, mein erstes Buch auf Italienisch entworfen und geschrieben. Hier drinnen bin ich von meiner Vergangenheit umgeben. Das lange Bibliothekarsleben meines Vaters kommt mir in den Sinn, die Bibliothek, die ich als kleines Mädchen besuchte und alle Bibliotheken, die ich in Amerika besucht und geliebt habe.

Und doch denke und schreibe ich jetzt hier auf Italienisch. Dies ist der Ort, an dem mein Schreiben eine neue Richtung genommen hat.

Während ich auf Italienisch schreibe, werfe ich hie und da einen Blick auf die Bücher, die mich umgeben. Ich sehe die in einer Reihe stehenden Buchrücken. Sie sind nach genauen Klassifizierungskriterien geordnet. Doch es fehlt eine visuelle Ordnung. Ich sehe ein Gemisch aus Büchern ohne Kleider, mit harten Buchdeckeln oder mit Schutzhüllen aus Plastik.

Es gibt Bücher jeden Alters, jeder Art, publiziert in den letzten Jahren oder vor mehr als einem Jahrhundert. Man sieht ein Gemisch von Stilen, von unterschiedlichen Gedanken. Man sieht wenig Einheitliches. Es herrscht ein Durcheinander, aber auch eine gewisse Fröhlichkeit. Mir kommt es wie ein Fest vor, bei dem sich einzelne Individuen gemeinsam wohlfühlen. Eine Welt, die alle mit einschließt. Jedes Buch kann hereinkommen und darf auf den Regalen wohnen. Alle Bücher gehören dem Kollektiv an, und gleichzeitig steht jedes nur für sich selbst. Unnötig zu betonen, dass amerikanische Buchumschläge die Wirklichkeit des Landes widerspiegeln – wenig einheitlich, geprägt von Unterschieden.

Wenn ich aufstehe, um mich für einen Moment zu strecken, sehe ich da und dort eine amerikanische Reihe, entweder Biographien oder ein Werk in mehreren Bänden. Doch in diesem Kontext sind Bücher, die eine Uniform tragen, die Ausnahme, nicht die Regel.

Die Bände der amerikanischen Reihen, wie etwa der angesehenen *Modern Library*, der *Library of America*, inszenieren sich als Klassiker. Die Reihe ist eine Hommage an äußerst verdienstvolle, inzwischen unantastbare Autoren. Die Einheitlichkeit bedeutet in diesem Fall, zum literarischen Kanon zu gehören: unveränderliche Kleider für zeitlose Werke.

Kleider dieser Art sind Zeichen großer Anerkennung, eine Art Auszeichnung, die man meistens posthum erhält. Neun von zehn Autoren sind verstorben. Ein zeitgenössisches Buch, ein junger Autor würden es nicht verdienen, aufgenommen zu werden. Im Unterschied zu den europäischen Buchreihen, in denen lebende und tote Autoren gemischt werden, erscheint mir die amerikanische Reihe fast wie ein Mausoleum.

6

Meine Buchumschläge

MEINE BÜCHER ERZÄHLEN Geschichten, aber was erzählen meine Umschläge?

Bei genauer Betrachtung spiegeln meine Cover auf perfekte Weise meine doppelte, gespaltene, widersprüchliche Identität wider. Dementsprechend sind sie oft Projektionen, basieren auf Vermutungen.

Mein ganzes Leben lang bin ich zwischen zwei verschiedenen Identitäten hin- und hergerissen, die mir beide auferlegt wurden. Wann auch immer ich mich aus diesem Konflikt befreien will, finde ich mich als Schriftstellerin in derselben Falle wieder.

Für einige Verlage reicht mein Name und mein Foto, um auf der Stelle einen Umschlag in Auftrag zu geben, in dem es nur so wimmelt von stereotypen Verweisen auf Indien: Elefanten, exotische Blumen, mit Henna bemalte Hände, der Ganges, religiöse oder spirituelle Symbole. Niemanden kümmert es, dass ein Großteil meiner Geschichten tatsächlich in Amerika angesiedelt ist, also ziemlich weit entfernt vom Fluss Ganges.

Einmal habe ich protestiert, weil mir der Umschlag eines meiner Bücher, in dem der Protagonist in Amerika geboren und aufgewachsen ist, zu «exotisch» erschien. Ich wollte einen weniger «orientalischen» Bezug, und der Verlag hat einfach das Foto eines suggestiven indischen Gebäudes entfernt und mit einer amerikanischen Flagge ersetzt. Also von einem Stereotyp zum nächsten.

Für mich ist ein falscher Umschlag nicht nur eine ästhetische Frage, sondern er lässt eine Unsicherheit in mir entstehen, die ich seit meiner Kindheit empfunden habe. Wer bin ich? Wie werde ich gesehen, gekleidet, wahrgenommen, gelesen? Ich schreibe, um diese Frage zu umgehen, aber auch, um eine Antwort zu finden.

Ich habe das Glück, in verschiedene Sprachen übersetzt zu sein. Da ich inzwischen fünf Bücher veröffentlicht habe, würde ich sagen, es sind circa hundert Cover im Umlauf. Hundert verschiedene Interpretationen.

Wenn ich eines meiner Bücher mit allen unterschiedlichen Umschlägen in einer Reihe aufstelle, wird deutlich, wie sehr sich der Ton, die Seele, die

Identität ändern. Ich sehe einen lebendigen Umschlag, einen düsteren, einen hellen. Ich sehe Vögel aller Art. Ich sehe da eine verschwommene Zeichnung, dort eine minimalistische. Ich sehe nur den Titel und meinen Namen und sonst nichts. Ich sehe Anspielungen auf politische Aspekte des Buches – Gewehre, Hammer und Sichel. Ich sehe Landschaften, die an Kalkutta erinnern, oder einen Blumenstrauß auf einem Tisch. Ich sehe ein Foto von zwei Jungen, die ins Wasser springen.

Einerseits ist es schön, sie zusammen zu sehen, die Fülle an Stilen, ihre Verschiedenheit anzunehmen. Andererseits frage ich mich: Wie ist es möglich, dass ein einziges Buch, das gleiche Buch, dieses breite Spektrum an Bildern hervorrufen kann? Alle diese Umschläge wurden von derselben Geschichte inspiriert, die ich geschrieben habe. Abgesehen von der Übersetzung bleibt jeder Satz gleich. Und doch kommen sie mir wie zwölf verschiedene Bücher vor, mit unterschiedlichen Themen, geschrieben von zwölf verschiedenen Autoren.

Denn die unterschiedlichen Umschläge reflektieren die Identität, den kollektiven Geschmack jedes Landes. Es kommt höchst selten vor, dass einem meiner Verleger der Umschlag aus einem anderen Land gefällt. Normalerweise sagen sie ganz höflich: «Oh, wie interessant», um dann hinzuzufügen, dass dieser Umschlag für sie und ihre Leser nicht funktionieren würde. Ein Umschlag, der dem einen am Herzen liegt, sagt dem anderen gar nichts. Was bedeutet das? Ich fürchte, es bedeutet die Unfähigkeit, sich im *anderen* wiederzuerkennen, selbst in unserer globalisierten Welt.

Wie die Sprache, in der der Text geschrieben ist, so kann auch der Umschlag eine Hürde sein.

In der Zeit, in der ich diesen Essay schrieb, besuchte ich eine Buchhandlung in Holland. Alle Bücher rund um mich waren auf Holländisch, eine Sprache, von der ich kein einziges Wort verstehe. Es hatte keinen Sinn, eines der Bücher zu öffnen und die ersten Seiten durchzublättern. Ich sah auf die Bücher und konzentrierte mich nur auf den visuellen Effekt. Sie blieben für mich reine Objekte, als wäre die Buchhandlung ein Museum, in dem man nichts kaufen konnte. Ich fand diese Umschläge attraktiv, doch vor allem fand ich sie fremd. Mir wurde in dieser Amsterdamer Buchhandlung sofort klar, dass ich in der Fremde war. Die Buchumschläge eines jeden Landes stellen eine bestimmte Geographie, eine unverwechselbare Landschaft dar.

Jeder urteilt gerne über Buchumschläge. Erstens ist es sehr viel einfacher, als den Inhalt zu bewerten. Außerdem macht es Spaß. Es genügt, sie anzusehen und der eigenen Reaktion Ausdruck zu verleihen. Hier sind einige Kommentare, die ich zu hören bekam, als ich meinen italienischen Freunden die verschiedenen amerikanischen und englischen Coverentwürfe für meinen Roman *Das Tiefland* zeigte:

Sieht aus wie eine Keksdose.

Sieht aus wie ein Abenteuerroman für Jugendliche.

Sieht aus wie ein persischer Teppich.

Sieht aus wie ein Politthriller.

Sieht aus wie ein Buch, das der Papst geschrieben hat.

Mein letztes Buch, *Mit anderen Worten*, ist auf Italienisch geschrieben. Seine Ankunft signalisiert einen neuen und unerwarteten Aspekt meiner literarischen Identität. Es handelt von der italienischen Sprache und von meiner Beziehung zu ihr. Mit meinen früheren Büchern hat es nicht viel gemeinsam. Es ist ein nachdenkliches, autobiographisches Buch, nahezu ohne Handlung.

Der erste Umschlag, jener der italienischen Ausgabe, gefällt mir. Er zeigt eine Frau, von hinten, vor einer Art Mauer. Und doch hat das Bild etwas Leichtes, Offenes, Mehrdeutiges. Ich finde, es kommuniziert den Sinn dieses meines literarischen

Projekts, obwohl ich nie mit dem Illustrator gesprochen habe. Das habe ich nicht erwartet, es war eine Überraschung. Doch ich halte es nach wie vor für das richtige Cover. In diesem Fall war es ein Abenteuer mit gutem Ausgang.

Mit anderen Worten wird in verschiedene Sprachen übersetzt, und in dieser Zeit muss ich einen Umschlag nach dem anderen prüfen. Die amerikanische und die englische Ausgabe zeigen ein Foto von mir in einer römischen Bibliothek. Auf der holländischen Ausgabe ist ein anderes Foto von mir, nah und etwas verschwommen. Nach Meinung des holländischen Verlags drückt dies das persönliche und nach innen gerichtete Wesen des Buchs aus. Die französische Ausgabe hat gar kein Bild.

Meine erste Reaktion auf den Vorschlag, ein Foto von mir auf dem Umschlag abzubilden, war ablehnend. Ich fürchtete, es würde als Akt der Eitelkeit gesehen werden, als freche Marketingstrategie, um ein Nischenbuch zu verkaufen. Doch ich wurde eines Besseren belehrt.

Beide Fotos hat Marco Delogu gemacht, ein guter Freund von mir aus Rom, der mich kennt, der meine Bücher liest, dem ich vertraue. Wir haben die zwei Porträts gemeinsam ausgewählt. Bevor wir die Fotos in der Bibliothek machten, haben wir darüber gesprochen. Ich sagte ihm, was ich wollte, und er hörte mir zu. Auf diese Weise ist es mir zum ersten Mal gelungen, am Entstehungsprozess von einem meiner Umschläge teilzunehmen. Am Ende ist der Autor das Buch: Er repräsentiert es auf eine direkte, ehrliche Art. Besser ein Foto von mir als ein geschmackloses oder irrelevantes Bild. Vielleicht ist es sinnvoll, dass in Amerika, England und Holland ich selbst zu meinem Buchumschlag geworden bin.

Selbst wenn mir das graphische Kleid eines meiner Bücher nicht besonders gefällt, fühle ich mich irgendwann doch zu ihm hingezogen. Mit der Zeit werden die Umschläge ein Teil von mir, ich identifiziere mich mit ihnen. Kürzlich ist mir in Italien etwas Seltsames passiert: Ich bekam von einem italienischen Verleger ein Buch geschickt, und dieses Buch – ein auf Englisch geschriebener Roman eines indischen Autors – hat den gleichen Umschlag wie die amerikanische Ausgabe meines ersten Erzählbandes. Bis ins Detail identisch.

Als ich das Paket öffnete und es sah, war ich überrascht. Zuerst dachte ich, es sei mein Buch. Doch dann bemerkte ich, dass es dicker war und dass Titel und Autorenname anders lauteten. Ich habe sofort meine Agentin angerufen.

«Aber das ist mein Umschlag!», sagte ich zu ihr.

Offensichtlich kann so etwas passieren. Und jedenfalls ist es zu spät. Dieses andere Buch, der viel dickere Zwilling, ist bereits erschienen. Vor kurzem sah ich es am römischen Flughafen im Stapel liegen und blieb kurz davor stehen; für einen kurzen Augenblick dachte ich, es sei mein englisches Buch.

Vor Jahren glaubte ich, dass jener Umschlag passend zu meinem Buch gemacht worden sei. Ich dachte, dass er nur zu meinem Buch gehört und mir irgendwie treu bleiben müsse. Doch der gleiche Umschlag hat meine Wörter eingekleidet und mich dann verlassen, um zu einem anderen Autor weiterzuziehen, in ein anderes Land, ohne sich jedoch ganz von mir zu lösen.

7

Der lebendige Umschlag,
der tote Umschlag,
der perfekte Umschlag

HEUTE IST DAS gedruckte Buch nicht mehr die einzige Erscheinungsform eines veröffentlichten Textes. Welche Bedeutung hat der Umschlag, wenn es das physische Buch nicht mehr gibt? Ich lese keine E-Books, aber ich glaube nicht, dass ein Umschlag auf dem Bildschirm die gleiche Funktion, die gleiche Präsenz hat. Seltsamerweise privilegiert der Bildschirm den Text, und das graphische Gewand kleidet oder beschützt ihn nicht mehr. Es bleibt ein Detail, ein Accessoire, eine nebensächliche, kostenlose Beigabe. Es wird noch mehr zum Etikett. Ein Buchumschlag aus Papier nutzt sich mit der Zeit ab, wird schmutzig, geht kaputt. Auf dem Bildschirm geschieht nichts dergleichen.

Ein amerikanischer Maler, den ich kenne und

bewundere, Richard Baker, befasst sich seit Jahren damit, eine Serie von Bildern zu malen, auf denen klassische Buchumschläge zu sehen sind. Normalerweise wählt er Taschenbücher als Modelle, also die schlichteste und billigste Ausgabe. Viele von ihnen sind Bücher, die sein Leben verändert haben. Die Bilder wirken wie hyperrealistische Fotografien von Gouachen. Er malt die Umschläge detailgetreu ab, liebevoll, aber mit einem erbarmungslosen Blick. Baker kopiert und verändert auf geniale Art die Zeichnungen anderer.

Alle Bücher haben ein Leben hinter sich, wurden Tag für Tag in Händen gehalten. Die Umschläge sind abgenutzt, gelb geworden, von der Sonne ausgebleicht. Es ist, als wären sie Gesichter, mit Falten, erschöpft. Sie sind durch und durch lebendig.

Jedes von Bakers Bildern ist das Porträt eines Buches, aber sie alle erzählen uns viel mehr. Sie erzählen von der Leidenschaft zu lesen, der von Baker und der unseren. Sie sprechen von der literarischen Bildung einer ganzen Generation. Sie erhalten auf der Leinwand eine Welt, eine Kultur, die im Verschwinden begriffen ist. Sie erwecken Sehnsucht, indem sie an eine Zeit erinnern, die unweigerlich vergangen ist. Doch vor allem verdeutlichen sie die Beziehung, die starke Gefühlsbindung zwischen Leser und Buch, fast bis zur

Verschmelzung. Baker sagte, dass die Bücher «verschiedene Episoden aus unserem Leben repräsentieren, einen gewissen Idealismus, verrückte Ideen, Liebesmomente. Auf unserem gemeinsamen Weg sammeln sich in ihnen unsere Spuren, Zeichen, kleinen Flecken, unschuldigen Misshandlungen – sie tragen die Erfahrungen, die wir mit ihnen gemacht haben auf den Covern und Einbänden wie Falten auf der Haut.»

Indem er die Buchumschläge seines Lebens verewigt, zeigt Baker, wie sie älter werden und am Ende sterben, wie wir Menschen. Sie bringen etwas Flüchtiges zum Ausdruck, nichts Definitives, Beständiges.

Was ist der perfekte Buchumschlag? Es gibt ihn nicht. Der Großteil der Umschläge, wie auch unsere Kleider, hält nicht für ewig. Sie haben nur für eine gewisse Zeit einen Sinn und gefallen uns, danach sind sie überholt. Nach einigen Jahren muss man sie neu entwerfen, verändern, wie eine alte Übersetzung. Man wählt einen neuen Umschlag, um ein Buch zu verjüngen, es wieder aktuell zu machen. Das Einzige, was nicht erneuert wird, ist der Originaltext, der Text in der Sprache, in der er geschrieben wurde.

Wie Richard Baker bleibe ich den Buchumschlägen treu, die mein Leben verändert haben. Wenn ich eine andere Ausgabe von *Ein Porträt des Künstlers als junger Mann* von Joyce sehe oder der *Gesammelten Werke* von Shakespeare, eine Ausgabe, die nicht aussieht wie die, die ich an der Universität gelesen habe, kommt es mir wie ein anderes Buch vor. Ich fürchte, diese unbekannte Ausgabe, die ich nicht in Händen gehalten habe, die mich nicht in die Bibliothek begleitete, in der ich keine Textstellen unterstrichen, die ich nicht studiert habe, in die ich mich nicht verliebt habe, würde nicht die gleichen Gefühle in mir wecken.

Ich hänge sogar an manchen hässlichen Umschlägen, insbesondere von Schulbüchern, die ich auf dem Gymnasium las und dann zurückgab, ohne sie je zu besitzen. Im Endeffekt geht es nicht um die Schönheit eines Umschlags. Wie jede wahre Liebe, so ist auch die des Lesers blind.

Wenn es mir möglich wäre, einen meiner Umschläge zu wählen, wie würde ich ihn aussuchen? Eine Uniform, die zu einer Reihe gehört? Oder ein Original, das eigens für mein Buch entsteht?

Auf der einen Seite versuche ich verzweifelt, dazuzugehören, eine präzise Identität zu besitzen. Andererseits jedoch weigere ich mich dazuzugehören und behaupte, dass mich meine verworrene und hybride Identität bereichern würde. Wahrscheinlich werde ich immer im Konflikt zwischen diesen beiden Wegen, diesen zwei Impulsen, leben.

Gewiss würde ich die einheitliche Eleganz einer Reihe einem banalen Umschlag oder gar einem, der mich deprimiert, vorziehen. Und doch weiß ich, dass sich auszudrücken notwendigerweise bedeutet, Unterschiede zuzulassen. Die Stimme des Schreibenden bleibt eine Einzelstimme, singulär, einsam. Kunst ist nichts anderes als die Freiheit, sich in jeder Sprache auszudrücken, auf jede Weise.

Wenn ich eines meiner Bücher allein einkleiden könnte, hätte ich gerne ein Stilleben von Morandi auf dem Umschlag oder vielleicht auch eine Collage von Matisse. Das hätte kommerziell gesehen keinen Sinn und würde auch den Lesern mit hoher Wahrscheinlichkeit nichts sagen. Ich jedoch finde mich in den abstrakten Mustern wieder, in der chromatischen Palette, in der Bildsprache dieser beiden Maler. Für mich würde das einen Sinn ergeben.

Diesen letzten Satz habe ich an einem Abend geschrieben. Am Morgen, nachdem ich meinen Wunsch ausgedrückt hatte, geschah etwas Wunderbares. Genau vor dem Eingangstor des Gebäudes, in dem ich in Rom wohne, liegt eine Bushaltestelle mit zwei kaum voneinander entfernten Verkehrsschildern.

Aus einer wundersamen Fügung gab es in Rom in der Zeit, in der ich diesen Text verfasste, gleichzeitig zwei Ausstellungen, eine von Morandi und eine von Matisse. Als ich an jenem Morgen aus dem Haus trat und den Blick hob, sah ich auf dem einen Schild rechts ein Stillleben von Morandi und auf dem anderen links ein Werk von Matisse. Für einen Moment lang stand ich in der Mitte, zwischen ihnen, und stellte mir vor, in die Seiten eines meiner Bücher verwandelt zu sein. Ich war von beiden eingekleidet.

Nachwort

IM JAHR 2014 erhielt ich, während ich in Capalbio Urlaub machte, einen Anruf von Beatrice Monte della Corte – Mitbegründerin der *Santa Maddalena Foundation*, gemeinsam mit ihrem verstorbenen Mann Gregor von Rezzori. Sie lud mich ein, die *lectio magistralis*, die Eröffnungsrede, des *Festival degli Scrittori* in Florenz zu halten, das sich im folgenden Frühjahr zum neunten Mal jährte. Das Thema der Rede sei frei, sagte Beatrice, es sollte nur in irgendeiner Weise mit dem Schreiben zu tun haben. Ich habe ihre Einladung gerne angenommen, wenn auch mit ein wenig Sorge, denn ich hatte noch gut die sprachgewandte *lectio* in Erinnerung, die Carlos Fuentes einige Jahre zuvor dort gehalten hatte und die persönlich zu hören ich die Ehre und das große Vergnügen hatte.

In jenem Herbst führte ich auf einer Zugfahrt ein Gespräch mit meiner Freundin Sara Antonelli über mögliche Themen für meine *lectio*. Sie ist Professorin für angloamerikanische Literatur an der Universität Rom III und außerdem Übersetzerin einiger meiner Lieblingsautoren, darunter Nathaniel Hawthorne und Thomas Hardy. Ich hatte überlegt, über die Bedeutung von Titeln zu sprechen: Denn schließlich ist der Titel das Erste, auf das man stößt, wenn man ein Buch findet. Der Titel repräsentiert den Text und gleichzeitig hebt er sich von ihm ab.

«Warum sprichst du nicht über Umschläge?», schlug mir Sara vor. Sie ging einen Schritt weiter und verlagerte meinen Ausgangspunkt in eine andere Sprache – in die visuelle. Ich war sofort angetan von dieser Idee, und auf der ganzen Fahrt von Florenz nach Rom unterhielten wir uns weiterhin darüber. Damals habe ich begonnen, mir Notizen zu machen.

Ich habe die *lectio* in Rom geschrieben, auf Italienisch. Sie wurde zuerst von Sara durchgesehen, und dann auch von Michela Gallio, einer Lektorin, die ich über Guanda, meinen italienischen Verlag, kennengelernt hatte und mit der ich bei verschiedenen Projekten zusammenarbeitete. Der italienische Text wurde von meinem Mann Alberto Vourvoulias-Bush ins Englische übersetzt, und dann wurden beide Versionen, der italienische und der englische Text, anlässlich des Festivals von der

Santa Maddalena Foundation gemeinsam in Buchform publiziert, mit der unbezahlbaren Hilfe von Brigida Beccari. Ich habe die Rede am 10. Juni 2015 im *Cenacolo*, dem Refektorium der Kirche Santa Croce in Florenz, gehalten.

Im folgenden Juni, in Amerika, habe ich beide Texte nochmals durchgesehen, um die englische Ausgabe, die bei meinem amerikanischen Verlag Knopf erscheinen sollte, vorzubereiten. Wieder zurück in Rom, nachdem ich den englischen Text leicht abgeändert, den einen oder anderen Fehler korrigiert und hie und da einen neuen Gedanken eingefügt hatte, musste ich den Originaltext auf Italienisch überarbeiten. Für die endgültige italienische Fassung übersetzte ich mich selbst, diesmal aus dem Englischen. Dieser wiederholte Wechsel zwischen den Sprachen, in denen ich schreibe, beeindruckt mich selbst immer wieder sehr; er macht mir klar, wie nützlich dieses Hin und Her in den Sprachen für mich ist.

Noch etwas hat mich tief beeindruckt: Das zweisprachige Büchlein, das die *Santa Maddalena Foundation* herausbrachte, verkörpert genau das nackte Buch, von dem ich spreche. Auf dem cremefarbenen Schriftumschlag stehen der Titel der *lectio* und mein Name, ohne jede überflüssige Zeichnung, nur das Logo des Festivals. Und nun sind aus diesem einzigen zweisprachigen Buch zwei getrennte Bändchen geworden, jedes in einer anderen Sprache. Die amerikanische Ausgabe hat einen Umschlag, die italienische Ausgabe einen anderen. Der Weg, den der Text zurückgelegt hat – erst trug er eine neutrale Uniform, dann zwei verschiedene Kleider –, scheint mir richtig.

Ich danke Alberto für die Übersetzung dieses Essays ins Englische und Robin Desser, meinem Lektor bei Knopf, der den Text in der vorliegenden Form publizierte.

Für die italienische Ausgabe geht mein Dank an Luigi Brioschi für die Entscheidung, dieses kleine Büchlein auch in Italien zu veröffentlichen, und an Cinzia Cappelli für ihren genauen Blick auf die Endfassung des Textes.

Inhalt